Tri Widodo
Sahid Bismantoko
Asep Haryono

Implementação da tecnologia de estacionamento inteligente no estacionamento de rua

Tri Widodo
Sahid Bismantoko
Asep Haryono

Implementação da tecnologia de estacionamento inteligente no estacionamento de rua

ScienciaScripts

Imprint

Any brand names and product names mentioned in this book are subject to trademark, brand or patent protection and are trademarks or registered trademarks of their respective holders. The use of brand names, product names, common names, trade names, product descriptions etc. even without a particular marking in this work is in no way to be construed to mean that such names may be regarded as unrestricted in respect of trademark and brand protection legislation and could thus be used by anyone.

Cover image: www.ingimage.com

This book is a translation from the original published under ISBN 978-620-2-31719-1.

Publisher:
Sciencia Scripts
is a trademark of
Dodo Books Indian Ocean Ltd. and OmniScriptum S.R.L publishing group

120 High Road, East Finchley, London, N2 9ED, United Kingdom
Str. Armeneasca 28/1, office 1, Chisinau MD-2012, Republic of Moldova, Europe
Printed at: see last page
ISBN: 978-620-7-98525-8

O problema dos sistemas de estacionamento na rua é um problema clássico que ocorre de ano para ano, muitas soluções são propostas para resolver o problema do estacionamento na rua. O problema não está apenas relacionado com os engarrafamentos de trânsito devido à entrada e saída de veículos dos lugares de estacionamento, mas também com as questões de gestão do estacionamento que se tornam polémicas nesta altura. Um protótipo de sistema de monitorização da gestão do estacionamento tenta fornecer uma solução para a gestão do estacionamento utilizando uma câmara inteligente baseada no processamento de imagem.

Num protótipo, o sistema foi testado em condições diurnas e nocturnas, para antecipar a diferença de intensidade de contraste dos pixéis durante o dia ou a noite, de modo a desenvolver um programa de deteção de veículos utilizando a limiarização adaptativa. Os resultados mostram que o programa está a funcionar bastante bem para identificar veículos em condições diurnas e nocturnas.

ÍNDICE DE CONTEÚDOS

CAPÍTULO 1

I. INTRODUÇÃO

O congestionamento do tráfego é um dos problemas das zonas urbanas. Muitos factores são a causa do congestionamento do tráfego, como a falta de disciplina no estacionamento do veículo na rua, de modo a perturbar o tráfego à sua volta. As irregularidades no estacionamento dos veículos na rua fazem com que a disponibilidade de lugares de estacionamento não seja a melhor.

Atualmente, o sistema de gestão do estacionamento na Indonésia ainda utiliza um sistema manual em que há um funcionário para orientar o estacionamento e receber o pagamento. Tecnicamente, surgem problemas durante o desenvolvimento da identificação de veículos no parque de estacionamento, tanto de dia como de noite. A diferença de intensidade dos pixels devido à iluminação diurna é mais homogénea, mas a sombra do objeto é mais clara, ao passo que à noite a iluminação é mais irregular porque depende apenas da iluminação pública.

Ao utilizar empiricamente a limiarização adaptativa, a diferença na intensidade dos pixels torna-se mais fácil de encontrar o limite do objeto. Em condições reais na área de estacionamento, por vezes a presença de veículos que são apenas "largados ou recolhidos" mas não estacionados, no desenvolvimento do programa não é contada como parte do estacionamento do veículo, pelo que é necessário um método de verificação para descobrir se o veículo está estacionado ou apenas "largado ou recolhido".

A investigação sobre o sistema de monitorização da gestão do estacionamento está a tentar monitorizar o espaço de estacionamento para garantir a eficiência da gestão do estacionamento e a utilização do espaço de estacionamento. Foram efectuadas muitas investigações relacionadas com o estacionamento inteligente, uma das quais utilizando uma câmara baseada no processamento de imagem [1].

Nesta investigação, propôs-se um sistema de monitorização da gestão do estacionamento baseado no processamento de imagem utilizando métodos de limiarização adaptativa e de verificação para fornecer a certeza de que o veículo na zona de estacionamento na rua estará estacionado ou apenas "largado ou recolhido", pois isso tem de ser assegurado tendo em conta que os dados de estacionamento serão enviados para o servidor, a fim de evitar erros de cálculo na entrega dos dados de estacionamento.

Este sistema de controlo de gestão de estacionamento integra a identificação de veículos baseada no processamento de imagens com o sistema de base de dados.

O objetivo desta investigação é simplificar o sistema de gestão e monitorização do estacionamento e fornecer informações sobre o estacionamento aos utilizadores, melhorando a precisão da identificação dos veículos com base no processamento de imagens e na utilização de aplicações baseadas na Web e de aplicações móveis.

Nesta investigação, a metodologia de um protótipo de sistema de gestão e monitorização do estacionamento é a seguinte

- Medição do nível de iluminação na zona de estacionamento
- Desenvolvimento de um programa de identificação de veículos
- Desenvolvimento de programas de aplicações para computadores e telemóveis
- Ensaio no parque de estacionamento da rua

Neste artigo será explicada a investigação efectuada, o protótipo proposto de um sistema de gestão e monitorização do estacionamento, os resultados dos testes e ensaios.

CAPÍTULO 2

II. TRABALHOS RELACIONADOS

Pesquisas sobre estacionamento inteligente têm sido realizadas com o objetivo de proporcionar comodidade aos usuários de estacionamento utilizando aplicativos móveis [2] [3] [6] [9] [10]. além de proporcionar comodidade e diminuir o tempo para encontrar vagas na área de estacionamento [6] [8]. O sistema de gestão de estacionamento desenvolvido com recurso a câmaras baseadas em processamento de imagem [1] [3], [8], [9], utilizou também sensores para a deteção de entrada e saída de veículos das zonas de estacionamento [9].

Enquanto a identificação do objeto como alvo é a carroçaria do veículo [8] [9] ou a matrícula do veículo [2] [4] [5]. Foi investigado um sistema integrado de gestão de estacionamento que funciona em rede para muitas áreas de estacionamento com a Internet das Coisas (IoT) [7].

O estudo dos sistemas de gestão de estacionamento tem sido efectuado através de diferentes abordagens, como o desenvolvimento de sistemas de estacionamento inteligentes utilizando uma combinação de processamento de imagem e sensores para a deteção de veículos e de lugares de estacionamento disponíveis [9], em que o artigo visa desenvolver sistemas de transporte inteligentes para gerir e controlar estes serviços, desenvolver dispositivos móveis para fornecer informações sobre os lugares de estacionamento disponíveis e desenvolver hardware barato relacionado com os sistemas de estacionamento [9].

O desenvolvimento de um programa de identificação de veículos baseado no processamento de imagens tem sido objeto de muita investigação, sendo que nesta investigação o que se distingue das anteriores são

a) O programa foi desenvolvido para funcionar em condições diurnas e nocturnas, de modo a que o contraste na iluminação dos pixels seja

5

eliminado através da utilização de um limiar adaptativo.

b) O método de verificação para determinar se o veículo está corretamente estacionado ou se se trata apenas de uma "entrega ou recolha"

CAPÍTULO 3

III. PROPOSTA DE UM PROTÓTIPO DE SISTEMA DE MONITORIZAÇÃO DA GESTÃO DO ESTACIONAMENTO

A investigação de um protótipo de sistema de monitorização da gestão do estacionamento na rua começa com problemas no sistema de estacionamento, especialmente relacionados com o sistema de gestão e com o engarrafamento de trânsito em torno da área de estacionamento. O protótipo proposto de um sistema de monitorização da gestão do estacionamento centra-se na utilização de câmaras inteligentes baseadas no processamento de imagem, integradas em sistemas de bases de dados, de modo a que todos os veículos que entram e saem do espaço de estacionamento sejam monitorizados.

A câmara inteligente baseada no processamento de imagem será testada em condições diurnas e nocturnas, de acordo com o tempo de estacionamento operacional na rua.

Esta investigação centra-se em:

- Desenvolvimento de um protótipo de sistema de monitorização e gestão de parques na rua utilizando câmaras baseadas em processamento de imagem, optimizando a captura de objectos através da utilização de limiarização adaptativa.

- A limiarização adaptativa é utilizada para reduzir as diferenças de intensidade dos pixéis durante o dia e a noite.

- São necessários métodos de verificação para garantir que o veículo que pára na zona de estacionamento é um veículo de estacionamento ou de "entrega ou recolha"

-   Realizar os testes num parque de estacionamento na rua

-   Integração com sistemas de bases de dados

Em geral, o protótipo da arquitetura do sistema de monitorização da gestão do estacionamento é apresentado na figura 1. Quando o processo de captura do objeto do veículo na área de estacionamento é feito através da câmara inteligente, o veículo é verificado como o veículo correto será estacionado, antes de os dados serem enviados para o servidor como dados de estacionamento do veículo, os dados de estacionamento do veículo podem ser acedidos através de aplicações no ambiente de trabalho com base na Web e na aplicação móvel.

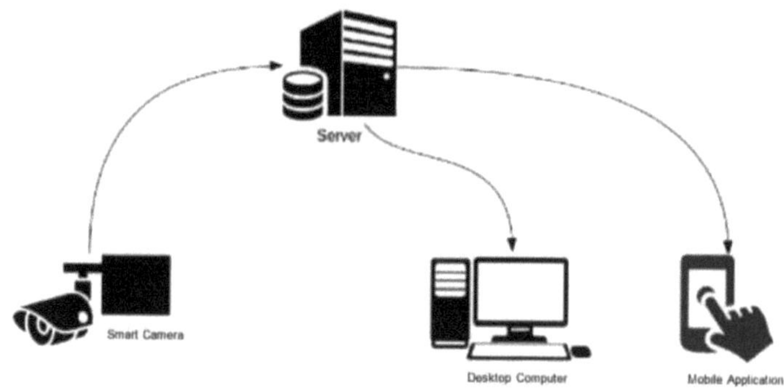

Figura 1. Arquitetura do sistema de gestão e monitorização do estacionamento

A fase da proposta de um protótipo de sistema de monitorização da gestão do estacionamento é a seguinte

-   O objeto captado pela câmara será processado quer o veículo esteja estacionado ou não

-   Os dados da câmara inteligente serão enviados para o servidor

- Os dados podem ser apresentados num programa de aplicação baseado na Web

- Os dados podem ser apresentados em programas de aplicações móveis.

A. Medição do nível de iluminação

A medição da intensidade da luz na área é uma tentativa de conhecer a quantidade de iluminação na área de estacionamento. Esta medição é necessária para descobrir quanta intensidade de luz na área de estacionamento pode ser captada como um objeto de veículo para que possa ser um limiar na medição.

O resultado da medição na área de estacionamento na rua é a distribuição de diferentes níveis de iluminação, onde a distância do centro de luz (lâmpada) terá uma intensidade decrescente, a partir da experiência obtida os resultados são semelhantes na Figura. 2.

Figura 2. Resultado do nível de iluminação na zona de estacionamento
Tabela 1. Resultado do nível de iluminação utilizando cores diferentes

Color					
Level	0	2	4	6	10

Da Tabela. 1 e da Figura. 2, é evidente que quanto mais próximo do centro de luz estiver o objeto, maior será o nível de iluminação. O valor da iluminação será utilizado como uma câmara de referência para captar uma imagem que possa ser identificada como um objeto.

B. Proposta de programa de identificação de veículos

2.1. Fluxograma do desenvolvimento do programa

No desenvolvimento do programa de identificação de objectos utilizando C ++ e o suporte da biblioteca Open CV, onde a descrição do desenvolvimento do programa, tal como a figura. 3 é a seguinte:

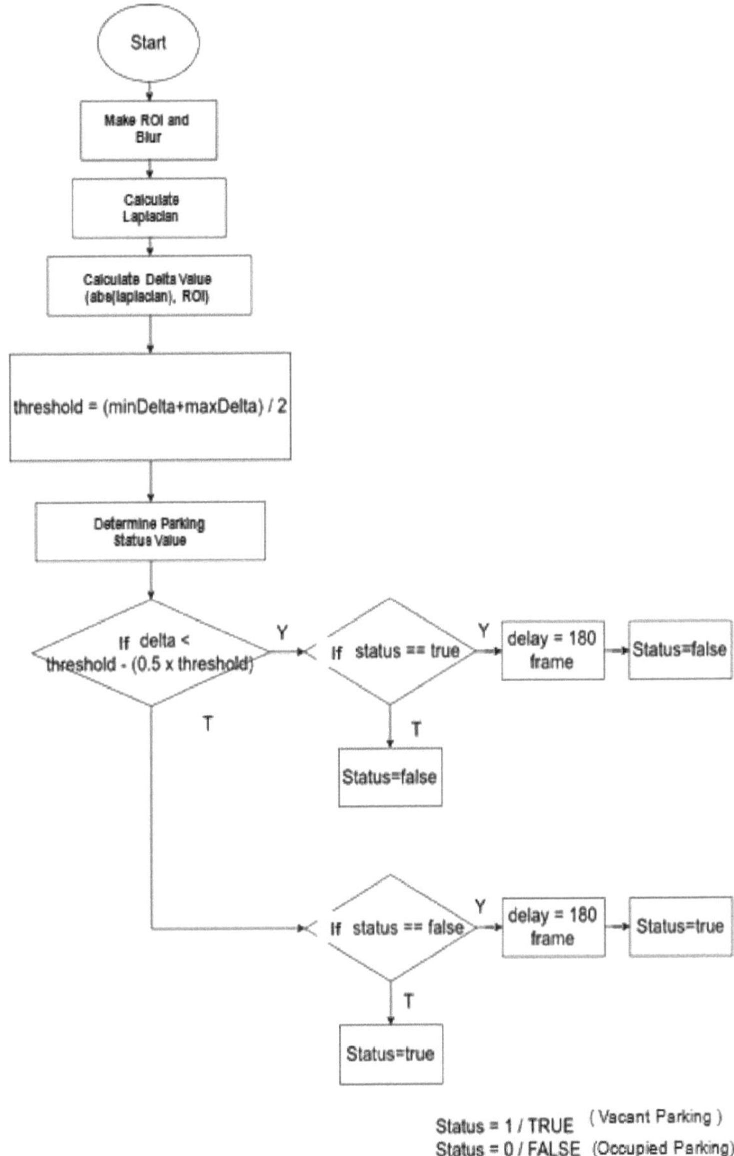

Figura 3. Diagrama de fluxo do desenvolvimento do programa

O diagrama de fluxo do desenvolvimento do programa é o seguinte. No desenvolvimento do programa de identificação de objectos utilizando o

C++ e o suporte da biblioteca Open CV, onde a descrição do desenvolvimento do programa, tal como na Figura. 3 é a seguinte: - Criar um ROI (Retângulo de Interesse) e criar um borrão em

a área, com base nos valores do ficheiro de configuração

- Calcular o valor Laplaciano do valor da ROI já desfocado, com a função disponível no opencv cv

- Cálculo do delta através da diferença entre o valor médio do resultado do cálculo do laplaciano e o valor da máscara da ROI

- Recuperar o valor do estado de estacionamento usado

- Determinar o valor do limiar, o valor do limiar é dinâmico de acordo com as condições do terreno, ou seja, o valor médio

- Se o valor delta for inferior ao valor limite existente no ficheiro de configuração, então não existe qualquer objeto

- Se não houver nenhum objeto e se o estado de estacionamento usado for igual a verdadeiro, a função de atraso é executada para a mudança para o estado falso

- Se não houver nenhum objeto e se o estado de estacionamento usado for igual a verdadeiro, o estado permanece verdadeiro

- Se o valor delta for superior ao valor limite existente no ficheiro de configuração, então existe o objeto

- Se existir um objeto e se o estado de estacionamento utilizado for igual a verdadeiro, a função de atraso é executada para a mudança para o estado falso

- se existir um objeto e se o estado estacionado for igual a falso, então o estado permanece falso

B.2. Limiarização adaptativa

A limiarização adaptativa é uma alteração no valor da limiarização adaptativa que ocorre quando existe um contraste de diferenças de intensidade de píxeis num objeto. A diferença nos valores de iluminação dos píxeis adjacentes é grande, o que dificulta a uniformização dos valores de limiarização para um valor, pelo que se designa por limiarização adaptativa local.

O método utilizado para determinar o valor do limiar adaptativo local utilizando a média do valor do limiar, para obter o valor através da segmentação do objeto, de modo a que cada subobjecto tenha o seu próprio valor de limiar, porque o valor do limiar para cada pixel depende da localização dos pixéis no subobjecto. Para obter empiricamente o valor do limiar adaptativo, utilizando pressupostos e cálculos estatísticos, consulte (2):

$$\text{Error! Reference source not found.} \quad T = \frac{\mu_1 + \mu_2}{2}$$

$$(1)$$

Em que T é a limiarização adaptativa, μ_1 é a intensidade mínima do pixel e μ_2 é a intensidade máxima do pixel, pelo que, a partir do valor da limiarização adaptativa referido em (1), foi desenvolvido empiricamente para obter o valor adequado da limiarização adaptativa referido em (2)

$$\textbf{Error! Reference source not found.} \quad T_e = \left(\frac{\mu_1 + \mu_2}{2}\right) - \left(F \times \left(\frac{\mu_1 + \mu_2}{2}\right)\right) \quad (2)$$

Onde **Error! Reference source not found,** é a limiarização adaptativa obtida empiricamente, μ_1 e μ_2 são a intensidade mínima do pixel e a intensidade máxima do pixel, e F é o fator (0,5 - 0,6).

2.3. Método de verificação

O método de verificação nesta investigação é uma tentativa de verificar se o veículo estacionado é um veículo de estacionamento ou "drop off ou pick-up". Esta verificação é necessária porque a zona de estacionamento é na rua. O método de verificação é feito através da definição do tempo de atraso do objeto veículo no programa, se o veículo parar mais de 15 segundos significa que o veículo está estacionado e se menos de 15 segundos significa que o veículo não está estacionado.

C. Proposta de um protótipo de sistema de informação de monitorização da gestão do estacionamento

A proposta de um protótipo de sistema de informação de monitorização da gestão do estacionamento é um esforço para fornecer informações aos utilizadores e simplificar a gestão do estacionamento. A arquitetura do sistema de informação utilizada é a apresentada na Figura 4.

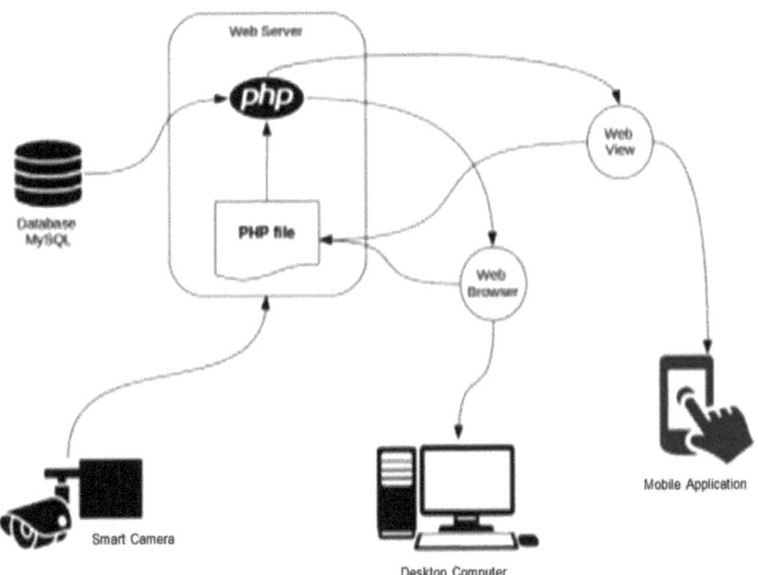

Figura 4. Arquitetura do Sistema de Informação de Monitorização da Gestão de Estacionamento

Na arquitetura do sistema de informação, como na figura 4, os passos dados são os seguintes

- Os utilizadores de computadores de secretária acedem às páginas Web introduzindo o endereço URL, ao passo que os utilizadores de aplicações móveis acedem à aplicação android na qual já existe um cliente de visualização Web.

- O software do servidor Web (appache 2.0) reconhecerá o pedido de um ficheiro de script php e, em seguida, o servidor traduzirá o ficheiro com o plug-in php antes da resposta do pedido de página.

- O PHP com o Yii Framework liga-se à base de dados MySQL e solicita o conteúdo que corresponde à página Web.

- A base de dados MySQL responderá enviando o conteúdo solicitado pelo script PHP.

- O script php armazena o conteúdo numa ou mais variáveis PHP e, em seguida, uma função apresenta o conteúdo adequado na página Web.

- O plug-in PHP faz uma cópia do html criado pelo servidor Web. O servidor Web envia um HTML para o navegador Web/visualização Web escrito com o ficheiro HTML fornecido pelo plug-in PHP.

O software utilizado na proposta deste sistema de informação é o seguinte

- Linux como sistema operativo

- PHP 5como linguagem de programação

- Yii 1.1.11 como uma estrutura PHP

- Base de dados MySQL como sistema de gestão de bases de dados

- Netbeans IDE 8.1 como ambiente de desenvolvimento integrado

- Libreoffice Draw para a criação de fluxogramas pormenorizados

- API do Google maps como Map View para apresentar o mapa

- Mozilla Firefox e Google Chrome como navegadores para aceder ao sistema

- Android Studio 2.3 Como um IDE android

- Draw.io Versão para computador

O método utilizado no desenvolvimento de sistemas de informação é o método de desenvolvimento rápido de aplicações (RAD). O RAD é a incorporação de vários métodos ou técnicas estruturadas. Este método utiliza métodos de prototipagem e outras técnicas estruturadas para determinar as necessidades dos utilizadores e a conceção do sistema de informação. O processo de desenvolvimento inclui:

- Verificar se o projeto de desenvolvimento de sistemas cumpre os critérios.

- Construir um modelo das funções prioritárias.

- Escolher o protótipo a ser analisado.

- Implementação de sistemas de informação.

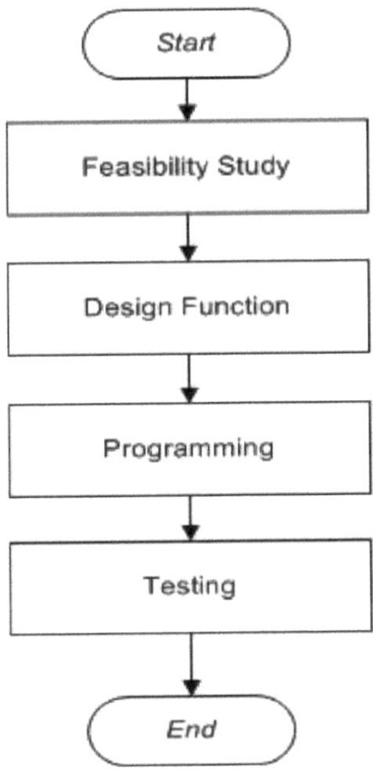

Figura 5. Método de desenvolvimento de um sistema de informação integrado

A partir da Figura 5, a descrição de cada fase é a seguinte

1. Estudo de viabilidade

Nesta fase, há várias etapas que devem ser preparadas:

- Análise do problema

O problema dos dados em tempo real torna-se importante na otimização da gestão do estacionamento, em que é necessária uma verificação para comparar os dados em tempo real suportados por uma câmara inteligente com os dados obtidos manualmente, para além da questão da segurança dos veículos estacionados na rua, que é motivo de preocupação.

- Análise das necessidades

A análise das necessidades divide-se em duas, nomeadamente as necessidades funcionais e as necessidades não funcionais. As necessidades funcionais são as necessidades associadas ao processamento e à transformação de dados, enquanto as necessidades não funcionais são as necessidades associadas às necessidades de hardware e software.

- Análise do sistema

Necessidade de criar um software de sistema de informação integrado para a aplicação da otimização da gestão do estacionamento na via pública.

2. Função de conceção

A conceção de funções detalhadas do sistema inclui:

- Conceção do processo

A descrição de um sistema a ser criado é designada por conceção do processo. O processo de conceção é composto por vários diagramas de contexto. Com base nos resultados da análise, o sistema será concebido para fornecer informações finais sob a forma de pormenores de um sistema.

- Conceção da base de dados

Esta fase divide-se em 3 fases: conceção concetual, lógica de conceção e conceção física.

- Conceção das entradas

A conceção da entrada foi concebida para os dados de entrada da câmara

- Conceção da produção

A conceção da saída sob a forma de dados reais enviados para o servidor e depois processados como dados a receber na interface como uma vista.

- Conceção da interface

A conceção da interface é necessária para facilitar a utilização do sistema pelos utilizadores.

3. Programação

- Codificação

Esta fase permite realizar as funções de conceção que foram efectuadas:

> Implementação do processo

> Implementação da base de dados

> Implementação da entrada

> Resultado da implementação

> Implementação da interface

- Correção de pequenos erros no sistema

Na fase de codificação, encontrará alguns erros que precisam de ser corrigidos.

Esta fase aperfeiçoa uma codificação.

4. Ensaios

-   Integração e teste de sistemas

Esta fase é efectuada para determinar o desempenho das funções do sistema.

-   Avaliação e recomendação

Avaliação do software, que pode ser desenvolvido posteriormente.

4.3.1 Enquadramento

Framework como uma coleção de scripts (especialmente classe e função) que podem lidar com vários problemas na programação, tais como ligação à base de dados, chamada de variáveis, ficheiros, para além de ser mais rápido na construção de aplicações.

O Yii Framework implementa um padrão de desenho modelo-visão-controlador (MVC) que é amplamente adotado na programação web. O MVC tem como objetivo separar a lógica de negócio, do utilizador, de forma a alterar mais facilmente cada parte sem afetar as outras.

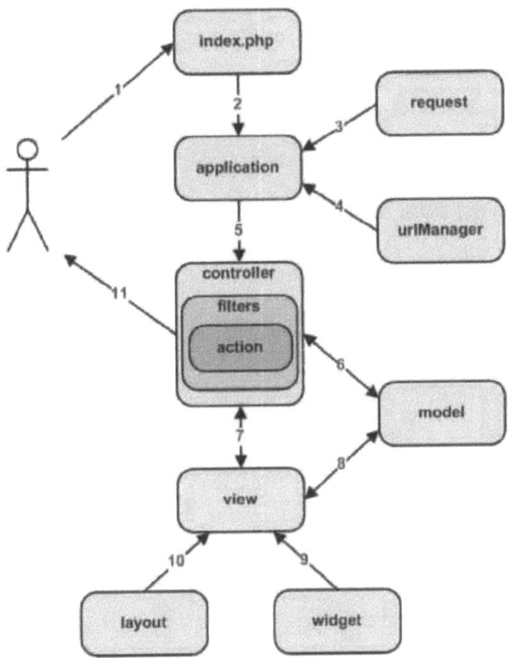

Figura 6. Fluxo de trabalho da estrutura Yii

Em geral, o fluxo de trabalho é o seguinte (na figura 6):

- O utilizador cria um pedido com o URL e o servidor Web processa o pedido executando o script bootstrap index.php.

- O script bootstrap cria uma instância de aplicação e executa-a.

- As aplicações obtêm detalhes da informação do pedido do utilizador a partir de um componente de aplicação chamado pedido.

- A aplicação especifica o controlador e a ação solicitada com a ajuda de um componente de aplicação chamado urlManager. Neste exemplo, o controlador é um post que se refere à classe PostController; e a ação é um show cujo verdadeiro significado é determinado pelo controlador.

- A aplicação cria a instância do controlador solicitado para continuar a tratar os pedidos dos utilizadores. O controlador determina que a ação mostrar se refere a um método chamado actionShow na classe do controlador. Em seguida, cria e executa filtros (por exemplo, controlo de acesso, medição) relacionados com esta ação. A ação é executada se for permitida pelo filtro.

> Ler o modelo de correio onde o ID é1 da base de dados.

> Prepara uma vista chamada show com o modelo Post.

> View lê e exibe os atributos do modelo Post.

> A vista executa vários widgets.

> Ver prepara os resultados emparelhados na apresentação.

A ação termina a criação da vista e apresenta o resultado final ao utilizador.

CAPÍTULO 4

IV. JULGAMENTO

O teste do protótipo do sistema de monitorização da gestão do estacionamento é efectuado na zona de estacionamento, sendo a descrição da zona de estacionamento utilizada apresentada na Figura. 7.

O ensaio é efectuado nas seguintes condições:

- Número de câmaras, mini PCs, modems e Power Over Ethernet (POE) montados em postes de 3 unidades cada (ver Figura 7)

- Os ensaios são efectuados de dia e de noite

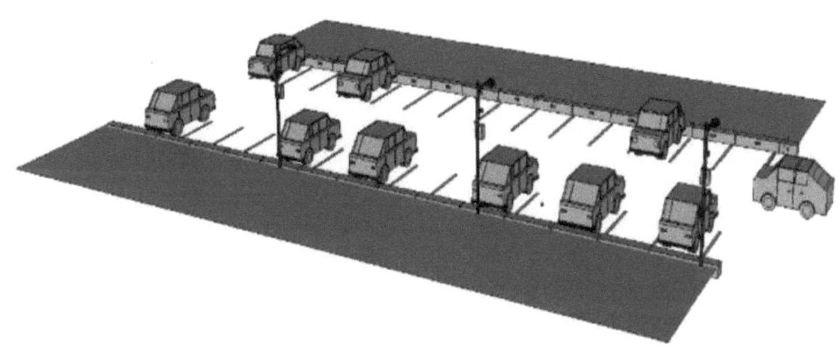

Figura 7. Zona de estacionamento na rua

O equipamento utilizado neste ensaio:

Hardware :

1	IP Camera	
2	Mini PC	
3	Modem	
4	POE (Power Over Ethernet)	

Software :

- Desenvolvimento do programa de aplicação da identificação de veículos

Figura 8. Aplicação de identificação de veículos

- Desenvolvimento de um programa de aplicação Web de secretária

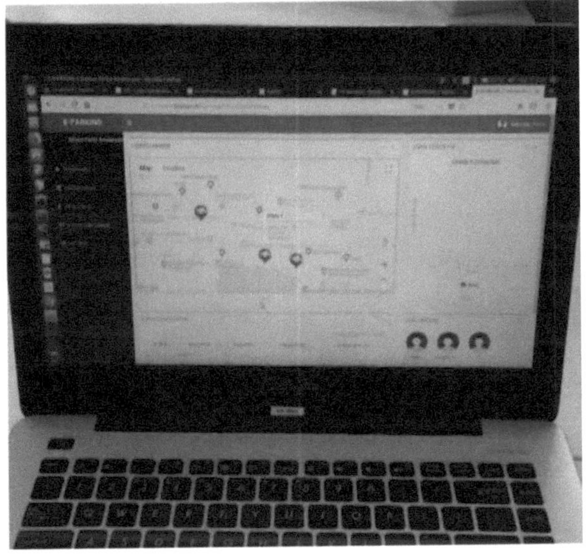

Figura 9. Programa de aplicação Web

- Desenvolvimento de programas de aplicações móveis

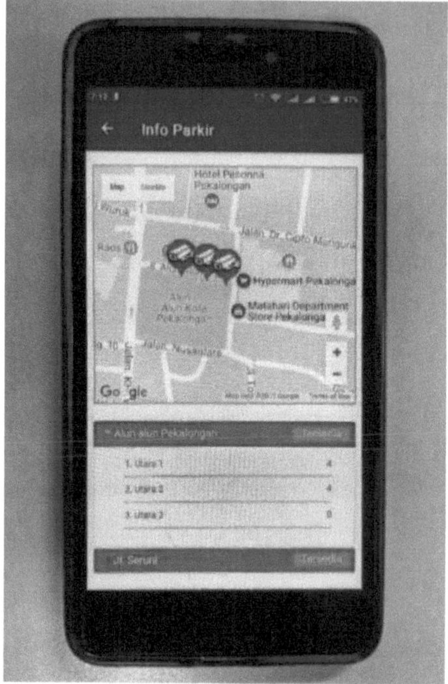

Figura 10. Programa de aplicação móvel

Os resultados dos testes de um protótipo de sistema de monitorização da gestão do estacionamento são apresentados nas Fig. 20, 21 e 22.

A. Resultados dos testes de câmaras inteligentes

Para obter uma estimativa do número de objectos captados pela câmara, é necessário um software que possa ser utilizado para simular, utilizando a IP Video System Design Tool.

Em primeiro lugar, é necessário determinar as especificações da câmara, como se mostra na Figura 11, com os seguintes dados:

1. Altura da câmara: 8 m
2. Fabricante   : Trendnet
3. Modelo   :TVIP320PI

4. Formato do sensor: 16:9

5. Resolução: 1920X 1080 (full HD)

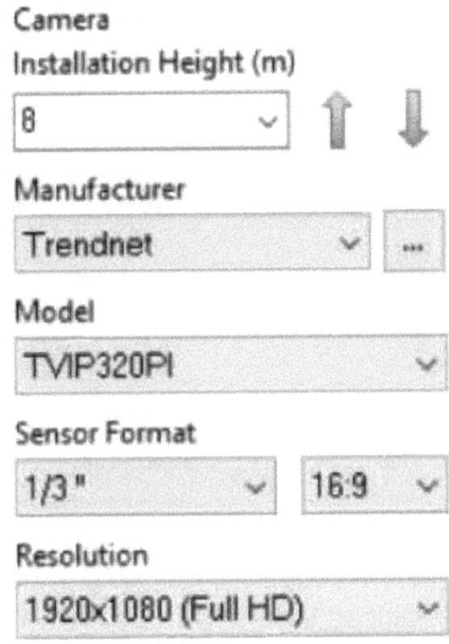

Figura 11. Especificação da câmara

Depois de determinar a entrada das especificações da câmara, o passo seguinte consiste em determinar a altura do objeto que pode ser captado pela câmara em 7,2 m e a distância da câmara em 1,96 m. A Figura 12 é a entrada para o campo de visão.

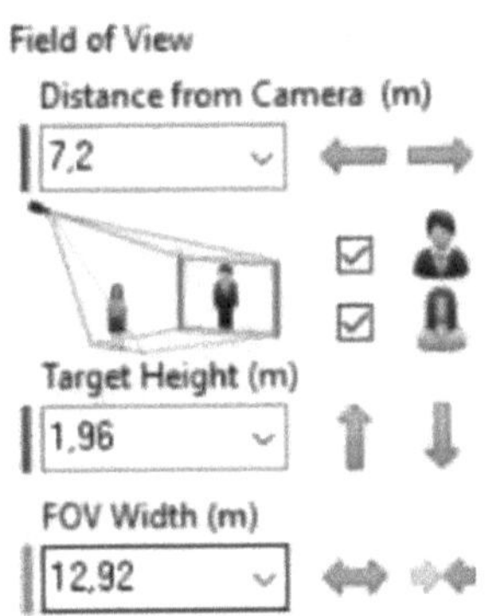

Figura 12. Campo de visão

Na linguagem corrente, o campo de visão, abreviado como FOV, refere-se à área visível através de qualquer instrumento ótico, que pode ser o olho humano ou uma lente.

Esta definição pode ser aplicada à linguagem de CCTV e o FOV pode ser definido como a largura ou altura de uma cena a ser monitorizada pela câmara de segurança. O campo de visão depende de uma série de factores, como o formato do sensor, a distância focal de uma lente e a distância dos objectos. Um cálculo simplificado para uma lente CCTV de 1/4 de polegada pode ser efectuado utilizando a seguinte fórmula:

W (largura horizontal) = (distância) * 3,2 mm / (distância focal da objetiva) em que 3,2 mm é o tamanho horizontal do sensor CCTV de 1/4" (4,8 mm para o sensor de 1/3").

Ao fazer ajustes nas especificações da câmara e no campo de visão, a simulação é gerada na figura 13.

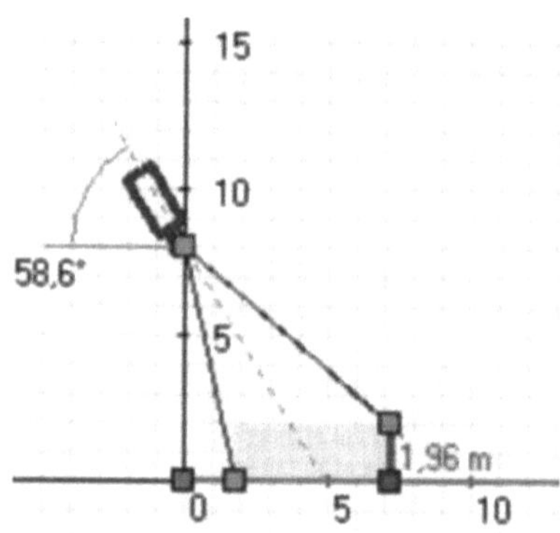

Figura 13. Altura do limite inferior

Quando visto de cima, terá o aspeto ilustrado na Figura 14, que mostra a distância da câmara e do sensor (distância focal) de 4 mm, a largura (largura FOV) de 12,92 m e o ângulo da câmara (ângulo de visão) de 61,90.

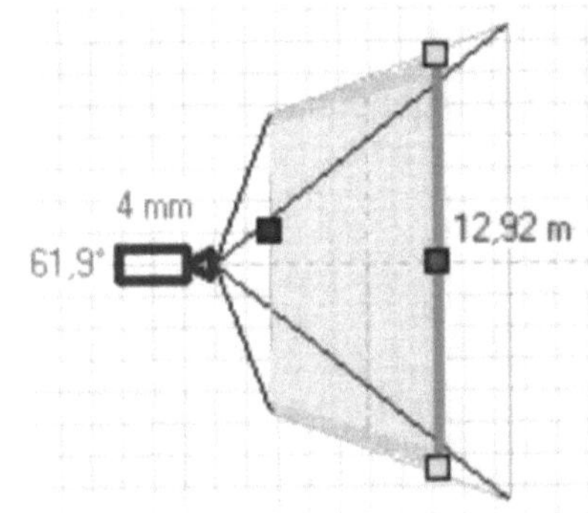

Figura 14. Campo de visão

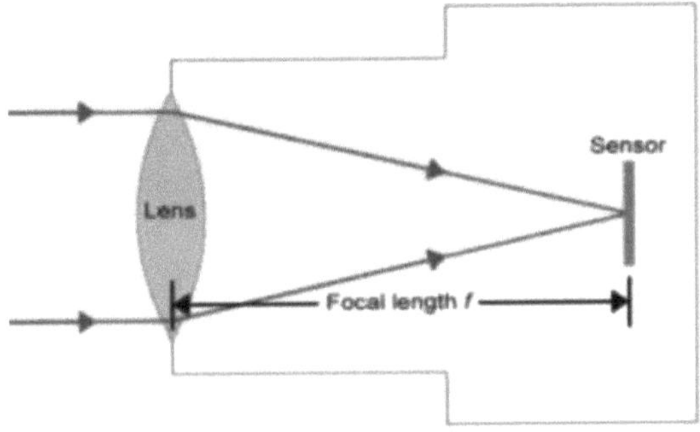

Figura 15. Distância focal

A distância focal é a distância entre a lente e o sensor dentro de uma câmara. A distância focal afecta a distância de visualização da câmara a partir do ponto da lente. Quando os raios de luz passam através de uma lente convexa (a forma de lente apresentada na figura 15), tendem a convergir para um único ponto a uma certa distância à frente da lente.

Esta distância entre a objetiva e o ponto onde incidem é conhecida como distância focal, tal como especificado pelo símbolo f na figura. No caso de uma câmara de CCTV, a lente foca os raios num ponto onde está colocado o sensor. A combinação da distância focal da lente e do tamanho do sensor determina o campo de visão da câmara de CCTV. Quanto mais curta for a distância focal, maior será o campo de visão e vice-versa. Ao definir as figuras

13 e 14, a câmara capta o número de carros captados. A figura 16 é um ecrã sob a forma de uma planta do local que descreve visualmente.

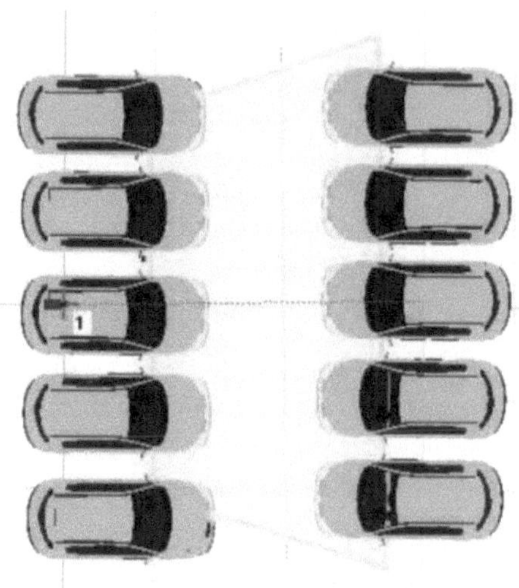

Figura 16. Modo de visualização da planta do sítio

Um total de 10 carros é o resultado máximo da captura da câmara que foi configurada de acordo com as condições no terreno. Se for apresentado no modo de visualização DVR, terá o aspeto indicado na Figura 17.

Figura 17. Modo DVR

Na Figura 17, é evidente que todos os objectos foram captados pela câmara. A posição do automóvel é vista de frente um para o outro. A utilização deste software permite simular visualmente que, quanto mais alta for a câmara e quanto maior for o ângulo de visão da câmara, maior será o número de objectos captados pela câmara.

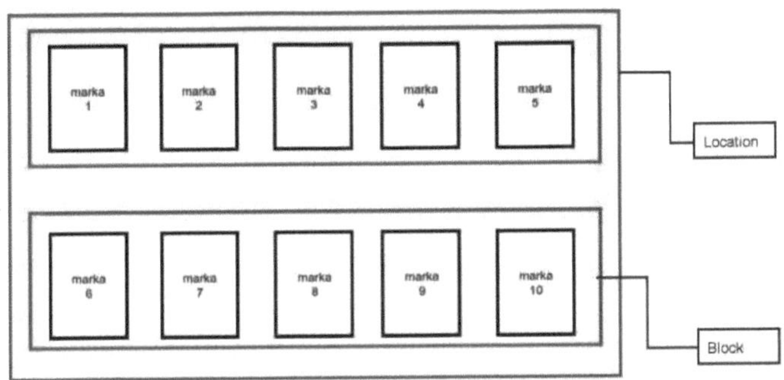

Figura 18. Localização do estacionamento

Com base na Figura 18, uma localização pode ser constituída por mais de um bloco, neste caso são 2 blocos, e um bloco é constituído por vários marcadores, neste caso são 10 marcadores. O passo seguinte é a implementação real no terreno, de acordo com as simulações anteriores. A figura 19 mostra a visão da câmara quando realizada no terreno.

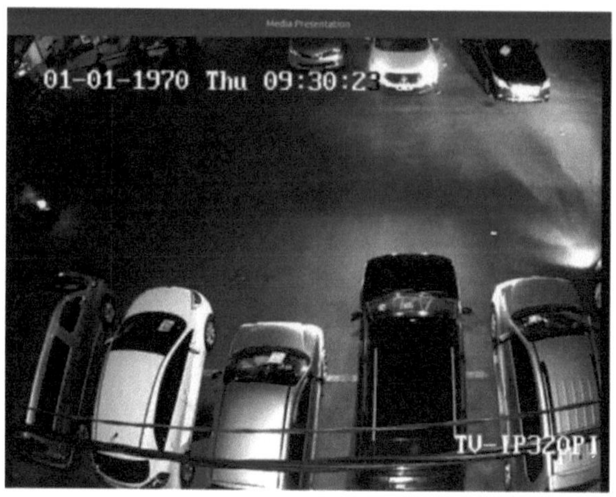

Figura 19. Vista da câmara no terreno

O objetivo deste ensaio é determinar a eficácia da utilização de câmaras inteligentes na monitorização do sistema de estacionamento durante o dia e a noite.

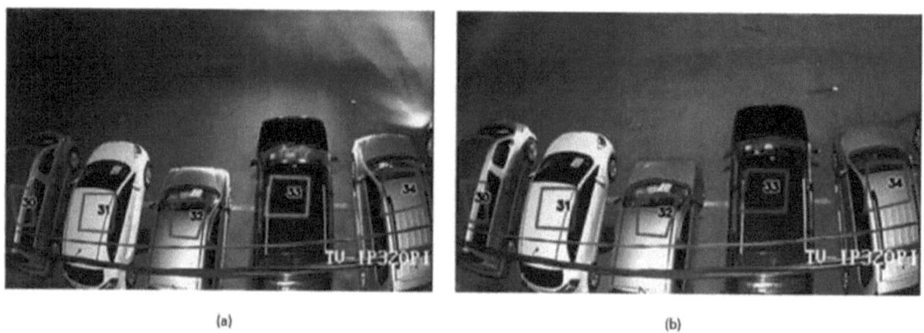

Figura 20. (a) Condição inicial (b) Após a execução do programa durante a noite

Figura 21. (a) Condição inicial (b) Após a execução do programa com diferentes câmaras durante a noite

Figura 22. (a) Condição inicial (b) Após a execução do programa com diferentes câmaras durante a noite

A partir dos resultados dos testes acima referidos, nas Fig. 20, 21 e 22 são utilizadas câmaras diferentes. O teste decorre durante a noite e o programa de identificação de veículos funciona bastante bem nas Fig. 20, 21 e 22. O ponto a mostra que o programa não funcionou na perfeição, enquanto o ponto b mostra que o programa funcionou bem. A fronteira virtual verde mostra um parque de estacionamento vazio e a fronteira virtual vermelha mostra um parque de estacionamento ocupado.

A Fig. 23 mostra que a identificação de veículos durante o dia com diferentes ângulos de visão da câmara, a captura da câmara mostra que a câmara foca apenas 5 veículos, um objeto de veículo tem erro na identificação do veículo causado pela posição do limite que não foi preciso, resultando na execução do programa para erros na deteção de bordas.

Figura 23. Resultado da identificação do veículo de estacionamento durante o dia

B. Resultado do teste de sistemas de informação

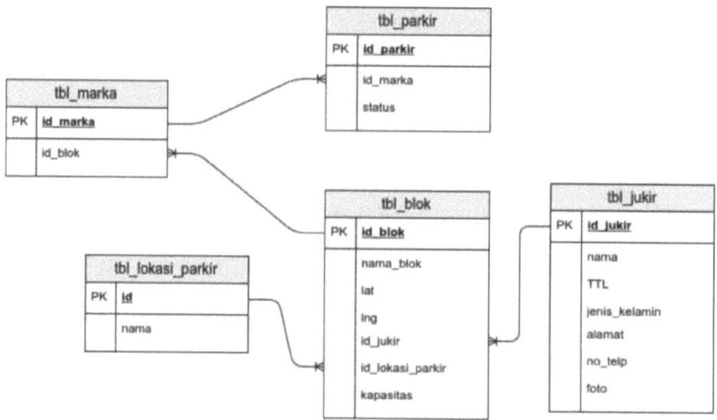

Figura 24. ER

A tabela de relações entre entidades descreve as relações de cinco tabelas

1. Parkir Table   : id_parkir, id_marka, status
2. Marka Table   : id_marka, id_blok, id
3. Blok Table   : id_blok, nama_blok, lat,lng,id_jukir, id_lokasi_parkir, kapasitas
4. Lokasi Parkir Table : id, nama
5. Jukir Table   : id_jukir,nama, TTL, jenis_kelamin, alamat, no_telp, foto

Figura 25. Implementação de ER

Depois de criar uma relação entre tabelas, o passo seguinte é implementá-la criando uma tabela na base de dados MySQL, como se mostra na Figura 25. Cada tabela tem um campo que é utilizado como chave primária e como coluna única. Segue-se uma explicação de cada tabela.

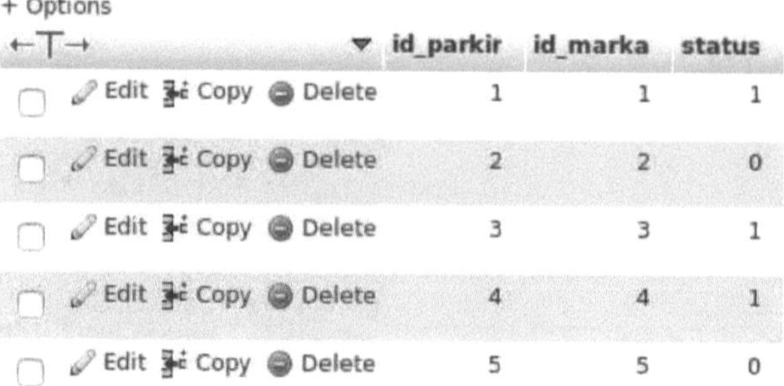

Figura 26. Tabela Parkir

A tabela de estacionamento serve para armazenar dados de estacionamento constituídos por id_mark e estado. Se as marcas estiverem preenchidas por um veículo, o valor estático é 1 e vice-versa, se as marcas estiverem vazias (não preenchidas pelo veículo), o valor do estado é 0.

Figura 27. Tabela de marcas

A tabela de marcadores serve para armazenar a identificação dos blocos, sendo que cada marcador pode ter mais do que um bloco.

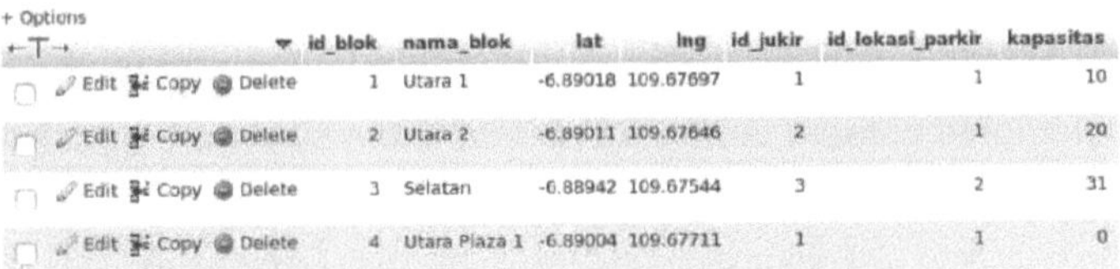

Figura 28. Tabela de blocos

A tabela de blocos serve para captar os dados dos blocos que consistem em duas chaves externas, nomeadamente id_jukir e id_lokasi_parkir. O campo de capacidade serve para armazenar a capacidade máxima do veículo na zona de estacionamento (bloco).

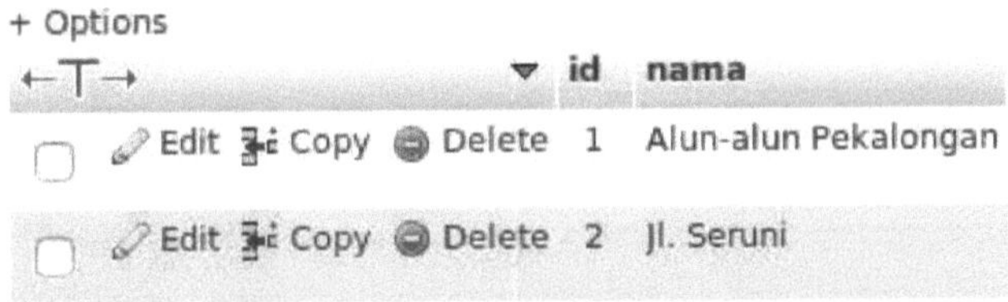

Figura 29. Tabela de localização de estacionamento

Como um local pode consistir em vários quarteirões, é necessário criar uma tabela de estacionamento separadamente, que consiste em campos de nomes.

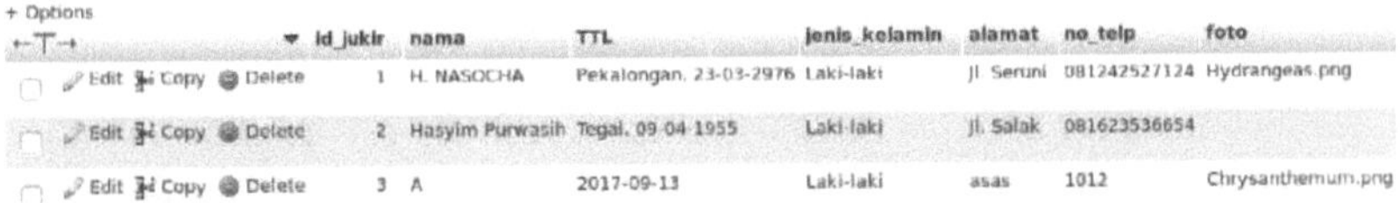

Figura 30. Tabela de agentes de estacionamento

A mesa esculpida serve para armazenar os dados do funcionário do parque de estacionamento no local ou bloco.

O ensaio do sistema de informação é uma experiência que começa com os dados do veículo de estacionamento captados pela câmara e depois os dados são enviados para o servidor. Os dados no servidor são processados para serem apresentados em aplicações baseadas na Web e em aplicações móveis. Os resultados dos testes dos sistemas de informação são os seguintes:

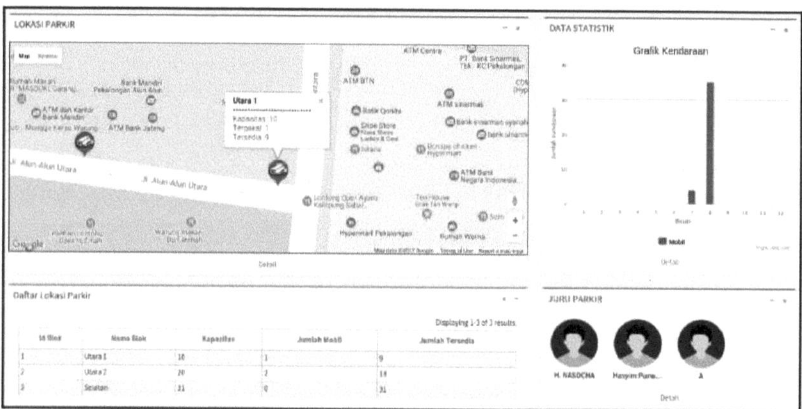

Figura 31. Ecrã do sistema de informação no ambiente de trabalho

Na Fig. 10 apresenta-se um sistema de informação no ambiente de trabalho, cujas caraterísticas são as seguintes
- O número de veículos no parque de estacionamento em tempo real
- Número de agentes de estacionamento em serviço
- Recapitulação do número de veículos por dia / semana / mês / ano

A apresentação nas aplicações móveis é a seguinte:

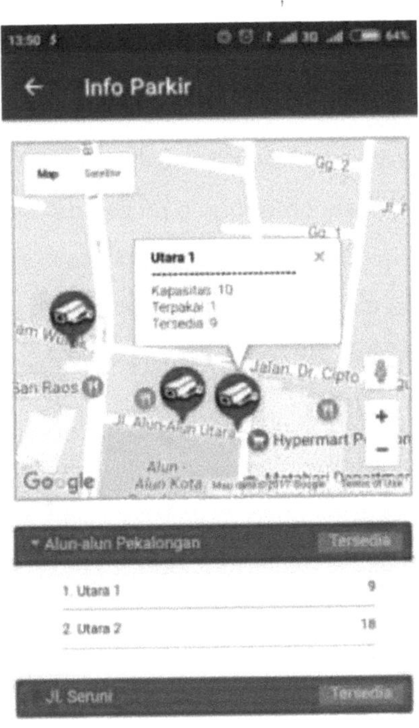

Figura 32. Ecrã das aplicações móveis

A informação fornecida na aplicação móvel, como na Fig. 11, tem as seguintes caraterísticas

- Quantidade de lugares de estacionamento disponíveis
- Localização da área de estacionamento baseada no mapa

CAPÍTULO 5
V. CONCLUSÕES

Os resultados do desenvolvimento do sistema de monitorização da gestão do estacionamento permitiram obter que o programa de aplicação relacionado com a identificação do veículo necessita de ser melhorado, uma vez que, por vezes, existe um erro na identificação do veículo se a cor do estacionamento do veículo for igual à cor da estrada (asfalto), porque a diferença de intensidade entre pixels é muito pequena

A existência de uma identificação de veículos que, por vezes, dá origem a erros em que o objeto não é um veículo é considerado um veículo, mas o número de erros neste caso é muito reduzido.

A definição inicial da posição da câmara torna-se um fator importante na criação de um limite virtual no espaço de estacionamento

O protótipo do sistema de monitorização da gestão do estacionamento é uma implementação para automóveis, pelo que é necessária mais investigação para a implementação do estacionamento de motociclos.

REFERÊNCIAS

[1] Marcelo RO Castro, Marcio A Teixeira, Luis HV Nakamura, Redolfo I Meneguette "Um Protótipo de um Serviço de Gerenciamento de Estacionamento Baseado em Rede de Sensores Sem Fio para ITS", International Robotics & Automation Journal, Vol. 2, Issue 3, May 2017.

[2] Annie Sujitg, Chitra S Nair, Manjusha Kulkarni, Shimi Jeyaseelan "Um sistema de estacionamento inteligente para uma cidade inteligente", IJERCSE, Vol. 3, Edição 6, junho de 2016.

[3] Faiz Ibrahim Shaikh, Pratik Nirnay Jadhav, Saideep Pradeep Bandarkar, Omkar Pradip Kulkarni, Nikhilkumar B Shardoor, "Sistema de Estacionamento Inteligente Baseado em Sistema Embarcado e Rede de Sensores", Revista Internacional de Aplicação de Computadores, Vol. 140, No. 12,abril de 2016.

[4] M. Rashid, A. Musa, M. Ataur Rahman, e N. Farahana, A. Farhana, "Automatic Parking Management System and Parking Fee Collection Based on Number Plate Recognition", International Journal of Machine Learning and Computing, Vol. 2, No. 2, April 2012

[5] GOUTHAM J., CHAITRA B.R, "Sistema de estacionamento inteligente com eficiência de custos baseado em nuvem e baseado na tecnologia Iot", Jornal Internacional de Avanços em Ciência da Computação e Computação em Nuvem, Volume-5, maio.-2017

[6] Patil Vaishali, Pingalkar Nishigandha, Najiya Inamdar, Sonawani Dhawal, Prof.Vijay Sonawane, "A Survey on Smart Car-Parking System Using On Internet-of-Things" , International Journal of Innovative Research in Computer and Communication Engineering, Vol. 4, setembro de 2016

[7] Mohammed Raheel Ahmed 1, T C Jermin Jeaunita, "IoT Based Cost Efficient Smart e-Parking System", Jornal Internacional de Pesquisa

Avançada em Engenharia Elétrica, Eletrônica e Instrumentação, Vol. 5, novembro de 2016

[8] SAYANTI BANERJEE , PALLAVI CHOUDEKAR, Prof.M.K.MUJU "Implementation Of Image Processing In Real Time Car Parking System", Indian Journal of Computer Science and Engineering (IJCSE), Vol. 2 No. 1 15

[9] Ndayambaje Moses , Y. D. Chincholkar, "Sistema de estacionamento inteligente para monitorizar o estacionamento vago", Revista Internacional de Investigação Avançada em Engenharia Informática e de Comunicações, Vol. 5, junho de 2016.

[10]Samla Gupta, Susmita Ghosh Mazumdar, "Sobel Edge Detection Algorithm", International Journal of Computer Science and Management Research, Vol 2 Issue 2 February 2013

[11] Ferramenta de conceção de sistemas de vídeo IP. Acedido em 5 de setembro de[th.] 2018 a partir de http://download.vivotek.com/downloadfile/downloads/ usersmanualsZipvsdtmanual_en.pdf

Printed by Books on Demand GmbH, Norderstedt / Germany